LA TERRE

EST UN ANIMAL

Tiré à 500 exemplaires

————

N° 11

LA TERRE

EST UN ANIMAL

OU

CONVERSATION

D'UNE

COURTISANE PHILOSOPHE

PAR

François - Félix NOGARET

membre de plusieurs académies

Mens agitat molem, et
magno se corpore miscet.
VIRG.

BRUXELLES

GAY ET DOUCÉ

—

1880

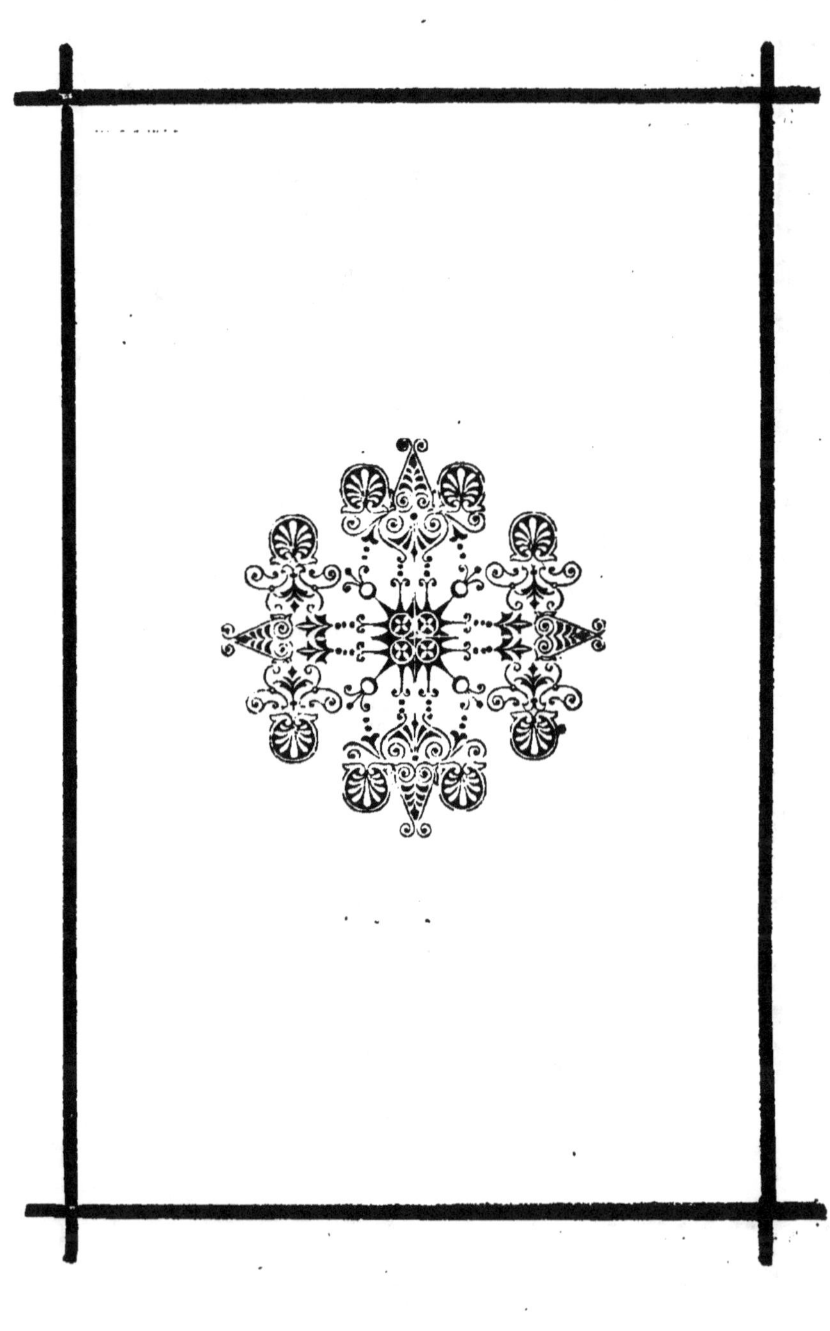

AVIS DES ÉDITEURS

Voici un ouvrage d'un auteur estimé de la fin du dernier siècle. C'est un hardi paradoxe sous le titre : *La terre est un animal.*

Le volume semble n'avoir pas eu d'abord un grand succès, car un

nombre d'exemplaires invendus
reçurent le nouveau titre : *Conversation d'une courtisane philosophe,
ou la terre est un animal*. Toute-
fois, depuis ce moment, la thèse
risquée de Nogaret étant entrée
dans le domaine des probabilités,
son livre fut si bien recherché qu'il
est devenu presque impossible de
se le procurer. Cela nous a déter-
minés à faire cette nouvelle édition
qui, nous l'espérons, sera bien
accueillie des bibliophiles.

G. D.

Les Grecs, Messieurs, étaient grands amateurs de filles de joie, et ils avaient raison; car les filles de joie étaient alors des filles d'esprit. Leurs maisons étaient des écoles d'agrément, où les philosophes venaient puiser des idées qui souvent leur auraient échappé à eux-mêmes. Auprès de Laïs, vous voyiez Diogènes, Appelle, Aristipe, *et* jusqu'à Démosthènes! Socrate *allait chez* Aspasie, *et* Périclès, *qui l'ado-*

rait, ne fit jamais rien sans son conseil : témoins les commencements de la guerre du Péloponèze. Rhodope enfin, passant de l'esclavage au trône, vit à ses pieds depuis Esope jusqu'à Psamméticus. Ce n'est pas tout : les Grecs étaient un peu bavards : Homère même a mérité cette épithète. Jadis les Iles des héros, les filles des rois, les filles des Prêtres bavardaient comme des commères, filant et faisant des panaches pour leurs futurs, des cottes de mailles, des pourpoints, et de la tapisserie. Or donc, accouchons de quelque systême un peu baroque, et puis causons, dialoguons, commérons ; et pour cela mettons en scène de vieux philosophes avec quelque beauté galante et spirituelle du temps passé. Le lecteur trouve à ce genre d'écrire je ne sais quoi de naturel qui plaît beaucoup plus qu'une suite de raisonnements qui, n'étant pas débattus, n'offrent aucune variété, fruit de l'opposition des idées et des caractères d'un certain nombre d'acteurs diversement inspirés et mis aux prises.

Ho, ho! dira quelque penseur sévère, amateur du rosbif, cherchant les choses graves et les morceaux volumineux : encore des riens! toujours des riens! Cette moitié d'Auteur ne se déterminera pas à traiter gravement quelque sujet utile! Il en est donc incapable? — Cela est vrai. — Mais du moins pourquoi ne voit-on pas de lui quelque production de longue haleine? Un dialogue, une épître, un conte, voilà le fruit de ses élans! Il est donc asthmatique? — Non; mais c'est un paresseux qui craint la fatigue, et se croirait malade, s'il ne se reposait, quand il a fait un pas. Pardon, mon cher censeur : la délicatesse de mes organes ne peut se prêter à rien de plus; j'ai manqué mourir, pour m'être guindé huit jours à la hauteur du Poëme épique. Voudrais-tu que je ressemblasse à la grenouille qui s'enfle et qui crève, ou au geai fripon, bouffi d'un sot orgueil? Ne suis-je pas plus sage, si la nature n'a fait de moi qu'un Oiseau-mouche, de rester dans la classe des êtres où elle m'a placé? Regarde-moi comme tel; ou compare-moi, si tu veux, à l'Alcyon léger, qui s'abandonne au souffle du zéphir sur les flots inconstants. On n'est rebutant que quand on n'est pas soi. Laisse-moi croire que l'odeur du muguet peut plaire encore après celle de la fleur d'orange et du Pompadoura... Et puis, il y a de la musique pour tout le monde. Sans aller courir jusqu'en Afrique, j'ai vu des gens qui s'accommodaient de celle de Grillon-cri-cri. Le Sybarite indolent, l'enfant gâté qui te parle, ne chante peut-être pas aussi désagréablement. Jadis les Voltaire, *les* Buffon, *les* Tressan, *les* Francklin, *et récemment les* Grégoire, *les* Petion, *les* Robespierre, hommes à jamais célèbres, n'ont pas dédaigné de lui sourire. Nommerai-je aussi le modeste Montucla (*)? Oui

---

(*) Auteur de l'histoire des mathématiques.

sans doute : et tenez, si vous avez aujourd'hui un procès à faire; si vous
regardez comme trop peu de chose ce
livret aussi mince que les pièces de
monnaye qui vous ont été accaparées;
attaquez ce Savant que j'ai consulté;
dont l'indulgente bonhommie m'a ré-
pondu qu'il avait lu avec attention
cette gaieté philosophique, et qu'il était
persuadé qu'elle vous ferait plaisir.

Voulez-vous, au surplus, savoir les
causes de ma stérile fécondité? Je vais
vous les dire.

Je descens, en ligne indirecte, d'une
illustre famille excommuniée tous les
ans, en grande cérémonie, parce que,
du temps de Philippe-le-Bel, le duc
d'Epernon, Félix Nogaret, (dont na-
guères je portais encore les armes)

harangua, dit-on, le Saint-Père a poing fermé, et fit chanceler sur son trône pontifical le Serviteur des Serviteurs de Dieu. J'ai toujours été si chétif et si décharné, qu'il n'y a personne qui ne pense, en me voyant, qu'il faut réellement être un excommunié pour avoir profité si peu.

Mon grand-père mourut premier échanson du Pharaon de France, le terrible Louis XIV. Mon père qui exerça les mêmes fonctions près de Louis XV, fut obligé de vendre cette charge, pour subvenir à l'éducation et entretien de trois enfans dont je suis le dernier. La nécessité contraignit mon père à devenir faiseur de Fetfa (*),

-----

(*) Lettres d'emprisonnement, ou d'exil.

sous le père d'un ministre qui en ven-
dait, et à recevoir les certificats du
Formulaire, ce qui lui donna un
goût pour le bienheureux Pâris, dont
en mourant, il nous laissa les gants,
avec les débris de son haut-de-chausse
et de sa camisole. Le temps était passé
où nous pouvions tirer parti de ces
Reliques. Que faire? Le Lavrillière,
sous les ordres de qui feu mon père
avait labouré toute sa vie, ne dédaigna
pas d'avoir pitié de nous, et ce fut une
grâce qu'il nous fit de nous tenir attachés à la glèbe. Nous voilà tous trois
Plumitifs. Mais la Fortune qui vit,
sans ôter son bandeau, que mon aîné
filleul de Maurepas, paré de très-
grands noms, avait un très-grand goût
pour la Finance, ne tarda pas à en

faire le trésorier d'un frère du roi régnant. La Déesse, en tâtonnant, rencontra mon second frère, Pantaléon Armand ; ce qui suppose encore un assez beau parrain : elle le tira de dessus son escabeau de commis subalterne, et vous le porta sur le siége de greffier d'une Commission royale. Quant à moi, François-Félix, *fabriqué sur un gazon de marguerites, au clair de lune, mais filleul* de Perette et de Jacques Person, *Porteur d'eau, son amoureux ; parce que mon père était revenu des vanités de ce monde, la Fortune n'y fit pas plus d'attention qu'à un cadet de Normandie, et ce fut mon bonheur.*

Apollon, qui voit tout, ne parut pas content de cet oubli injurieux. « Pau-

vre Félix, *me dit-il ; voilà tes deux frères tout ébaubis ; ils ne pensent plus à toi ni l'un ni l'autre, et tu n'as rien à en espérer. Que le train dont ils vont, ne te décourage pas. Je te prêterai de temps en temps mon cheval, et celui-là pourra te consoler de n'en avoir pas une demi-douzaine à l'écurie. C'est une chose admirable que de cheminer par les airs. Tu ne penseras plus aux faveurs de la Fortune. La terre et ses habitants ne paraîtront plus à tes yeux que comme un point ; tu perdras toute idée de la félicité grossière des publicains ».*

Je ne pus m'empêcher de rire à l'annonce de cette merveilleuse promesse. Comme le Dieu de l'enthousiasme voulut savoir la cause de ce manque de respect apparent : « J'appréhende, lui dis-je, que le délire dont je vais vous être redevable, ne ressemble à l'ivresse de Bacchus... Un ivrogne se croit l'égal des têtes couronnées, et n'a besoin de rien, tant que les fumées du vin lui portent à la tête; mais ce temps-là passé?...—Sois plus confiant, reprit le Dieu » : alors il souffla sur moi, et tel fut l'effet de ce souffle, qu'en même temps qu'il développa en moi le germe du goût et des arts, il fit avorter celui de l'ambition. Je lui dis grand merci; car ce miracle s'opéra tout d'un coup. Depuis ce moment, (et il y a bien trente ans que cette histoire m'arriva) je puis me flatter d'être un heureux fainéant, vivant au jour le jour, écrivant tout ce qui s'offre de riant à mon imagination, souvent en vers, parfois en prose. Aujourd'hui je ne rime pas, et c'est tant mieux pour vous : agréez la nouvelle rêverie que je vous offre.

J'ai débuté par vous prévenir du genre de beauté que j'allais mettre en scène, et j'en ai fait un mot d'éloge ; cela était nécessaire ; autrement quelque dévote, avertie par son Directeur furtif non-assermenté, se serait écriée : « Voyez-vous quels abus entraîne avec soi la liberté de la Presse !... Il y aurait eu cabale contre moi, et la horde des culs-fouettés m'aurait fait une vie diabolique.

Quant à ma justification sur le fond de mon sujet, je serais un sot de l'entreprendre. Grâce aux Droits de l'Homme, *je ne connais plus d'inquisiteur des consciences. L'Ouvrage paraîtra peut-être encore mal sonnant aux oreilles de la Sorbonne et de l'Université; mais j'en ris de bon cœur. Si je suis damné, je ne puis manquer de me trouver là-bas en bonne compagnie.*

EXPLICATION DE LA VIGNETTE

Les Grâces font la toilette d'*Eriphile*, Courtisane
   philosophe.

Eriphile raconte une conversation qu'elle a eue avec
   deux philosophes.

L'Auteur écrit cette conversation.

Derrière lui est un espion déclamateur contre la
   liberté de la presse, qui se propose de dénoncer
   l'Auteur pour un matérialiste, et de confisquer les
   quatre femmes au profit de l'Abbé *Maury*, et
   Compagnie.

LA TERRE
EST UN ANIMAL

．．．．．．．

Parménides a Dioscure

L'histoire de tes jeunes gens m'a parue un peu folle, mon cher Dioscure ; cependant, si je n'approuve pas tout-à-fait Acydamas du côté de la morale, je l'excuse bien complétement sur son goût pour les jolies femmes. Le moyen que je ne lui pardonne pas ainsi qu'à cet étourdi de Crysante? J'ai cinquante ans, et je ne me déroberais qu'avec peine à de pareilles orgies. Hier encore j'ai passé la soirée avec Eryphile : il est vrai que c'était en tête-à-tête; mais, enfin, ce n'est qu'une nuance de débauche de moins. Les plaisirs tranquilles de l'âge mur ont succédé aux extravagances de la jeunesse; ce n'est pas avoir tout perdu encore. Jouissons à huis clos, et ne soyons jamais jaloux.

Moquons nous au surplus des rigoristes hypocrites qui nous blâment de fréquenter les temples de Vénus : les momens qu'on passe auprès des courtisanes ne sont pas tout à fait perdus. Il y en a de fort instruites : Eryphile est de ce nombre. Elle a de la mémoire, des graces dans l'esprit et quelquefois de la gaité dans la narration. Je lui dois même le plaisir de m'acquitter aujourd'hui de ma promesse et de satisfaire ta curiosité, en te développant le système original dont je t'ai dit deux mots; système, tu t'en souviens, qui consiste à nous donner le globe terrestre pour un gros animal. Cette idée enfantée par Phérecide de Samos, surnommé Xanferligotès, n'est pas dénuée de toute vraisemblance.

Ce serait t'ennuyer que de t'en faire un exposé méthodique; il vaut mieux

te raconter la conversation de Phérécide et d'Epymétée à ce sujet, telle
que je la tiens de la bouche d'Eryphile.
Ce n'est plus moi qui parle.

ÉRYPHILE.

Phérécide et Epymétée avaient
passé chez moi une partie de la jour-
née; je n'avais désobligé ni l'un ni
l'autre, et je dois croire qu'ils étaient
contents, car je trouvai le lendemain
sur ma toilette, d'un côté, un fort
beau collier de perles mêlées de rubis
taillés en cœur; de l'autre, une pièce
de fine laine, de couleur pourpre,
assez ample pour couvrir un espace
de vingt pieds carrés, quoiqu'elle eût
pu tenir dans les deux mains. Mais ce
qui me prouva le plus leur extrême

satisfaction, c'est que Phérécide, qui s'était levé pour partir, me prenant par le menton, en même temps qu'il me baisait à la joue, se mit à dire à Epymétée, en souriant : Avoue, mon ami, que la femme est un charmant petit animal.

Epymétée ne fut pas sans étonnement, malgré le correctif : pour moi, je pris mon sérieux et je feignis de me choquer de l'expression du louangeur. — Voilà qui n'est pas galant, lui dis-je, mon cher Phérécide : on croira difficilement que vous venez à mon école. — Ecoute donc, dit Epymétée, on pouvait en effet se louer de madame d'une manière un peu moins hétéroclite. Qui dit un animal donne à entendre une bête : nous devons à Eryphile

plus de justice et de reconnaissance,
et je suis forcé d'avouer que tu es un
mauvais plaisant ou un ingrat.

— Je ne suis ni l'un ni l'autre, reprit
vivement Phérécide ; mais, puisque
me voilà engagé dans une querelle
qui pourrait tourner à mon désavan-
tage, il est bon que je m'explique.
Sachez donc l'un et l'autre qu'à l'exception de la matière privée de mouvement, tout (sans en excepter la terre
et les planètes) tout enfin, sous quelque forme que ce puisse être, est animal pour moi dans l'univers.

J'attache à ce mot un sens plus noble et plus étendu que celui auquel
s'arrêtent les naturalistes ; puisque
l'idée générale que je me forme d'un
animal n'est pas restreinte, comme la

leur, à l'ensemble des idées particulières résultantes de la connaissance d'une quantité limitée d'êtres vivants, à remonter par degrés du plus stupide au plus parfait qu'on suppose être l'homme ; et que l'homme n'est pour moi ni le terme de l'animalité, ni le chef d'œuvre de l'être incréé qui nous anime.

D'après ma façon de voir, qui n'est pas aussi petite que vous l'avez imaginée sans doute, je n'offense personne en l'appelant un animal. L'épithète que j'ajoute à ce mot peut seule être agréable ou chagrinante ; parce qu'en effet tout animal n'est pas beau, qu'il s'en trouve au contraire de fort laids, qui n'ont pas d'ailleurs d'excellentes qualités ; mais j'espère avoir parlé à

Eryphile de manière à me sauver du reproche d'avoir blessé son sexe. Si j'avais dit tout ce que je pense, elle m'aurait même remercié, puisque dans mon esprit, tout en la traitant d'animal, je la mettais de compagnie avec les astres...

— Je ne sais que penser d'une pareille défense, dis-je, à Epymétée.

— Elle serait admissible, me répondit-il, si Phérécide était assez fou pour être persuadé de ce qu'il dit; s'il nous donnait de bonnes raisons pour nous prouver que des corps que nous savons inanimés sont vivants, et que, loin de vous déprimer, il vous élève en vous comprenant dans cet ensemble; mais j'imagine qu'il veut rire; car assurément les astres, auxquels il vous comparait tacitement, et qu'il invoque après coup, ne sont point des animaux : le globe terrestre n'est point une bête : il y a de quoi rire, pendant mille ans, d'une idée aussi folle. Mais Phérécide a dans l'esprit assez d'adresse pour faire changer de face à une injure et lui donner l'air de la galanterie. Cette manière de se disculper est un hommage ingénieux qui mérite qu'on lui pardonne.

—Point d'indulgence, reprit Phérécide ; je suis de très bonne foi ; je ne vois pas les choses d'un autre œil que je vous l'ai dit. On croit peut-être m'embarrasser en m'observant qu'à moins d'être dans le délire je ne puis pas réellement penser que la terre soit un animal : je le pense cependant, et je ne me crois pas un fou. Je suis même persuadé de ce que j'avance, et, s'il était nécessaire, j'en donnerais des preuves. Je ne promettrais pas de pousser les choses aussi loin en parlant des astres (1), parceque je ne les foule pas aux pieds comme la terre, et qu'ils ne me sont pas aussi connus. Mais encore... ne voit-on pas les comètes tourner autour du soleil étourdiment comme des papillons?

Croyez-vous que ces grosses masses vagabondes, qui vont cherchant et

____

(1) *Il n'est pas inutile d'observer ici, pour la plus grande intelligence des idées de Phérécide-Xanferligotès, que quoique le mot* astre *s'applique indistinctement aux étoiles, aux* planètes *et aux* comètes, *il n'en use que pour désigner les corps célestes lumineux par eux-mêmes.*

fuyant tour à tour cette fournaise dévorante; ne soient pas destinées à lui servir d'aliment? Le soleil les attire, je ne dis pas comme le Fourmilion, qui attend sa proie au fond de son entonnoir : la comparaison, quoique juste sous plus d'un rapport, me paraît trop petite; mais, comme les vastes gouffres de Carybde et de Scylla, où les vaisseaux vont se précipiter, incapables de résister à la force attractive de leurs flots tournoyans. Si j'hésite, si je balance à faire du soleil un animal, c'est que je crains de blasphêmer.

Le penser, cependant, ce n'est point une idée injurieuse ; ce n'est que le tirer d'une inertie étrangère à presque toute la matière. Il mérite néanmoins une dénomination plus relevée,

et j'ai presque regret de n'en pas faire
un dieu.

Mais je ne puis pas me cacher qu'il
n'existe pas par lui-même, qu'il ne
lui suffit pas de sa propre substance.
Forcé de prendre un milieu entre ces
deux extrémités, je dirai du moins
qu'il recèle une portion considérable
de l'intelligence suprême. Je vois en
lui l'être des êtres, puisque tant d'autres lui doivent la vie; enfin, l'être
animé le plus admirable, comme le
plus parfait.

— On s'aperçoit de reste, dit Epymétée, que tu le respectes infiniment;
car voilà de grands mots pour ne rien
dire de plus sinon que c'est un animal
plus parfait qu'un autre; un animal
qui a une perception, des besoins et

même un incroyable appétit : il est friand de comètes, tu sais ses goûts! S'il arrive à l'une d'elles de s'en approcher un peu trop, c'est autant d'avalé! Cependant le noyau d'une comète est un peu dur!...

Phérécide leva les épaules, tant cette observation lui parut pitoyable. Bel inconvénient! dis-je à Epymétée. Imagine-toi un éléphant qui avalerait une prune; et je me mis à rire comme une folle.

La comparaison n'est pas exagérée dit Phérécide : vous avez fait une bonne plaisanterie en vous moquant; elle sauve même un assez bon nombre de paroles inutiles; mais ceci demanderait à être traité plus sérieusement.

C'est trop exiger, dit Epymétée; fais nous grace sur le ton; il nous serait difficile d'en changer; nous n'avons pas l'esprit exalté comme le tien. Causons, et si Eryphile n'est pas pressée de nous renvoyer, asseyons nous.—Je les pressai fort de continuer, et je leur donnai moi-même des siéges.

—Ça, dis-nous donc, reprit Epymétée, pour arriver à un dégré de croyance aussi extraordinaire, pour te persuader que la nourriture assignée au soleil c'est des comètes, il faut que tu aies la-dessus plus que des notions? Le docte Phérécide ne doit parler ainsi que d'après des certitudes. D'où tiens-tu tout cela? Qui te l'a dit?

Mes yeux et le bon sens. J'ai dit du soleil que c'est un être animé, un corps matériel : la matière seule peut servir d'aliment à la matière; si la nourriture manque, plus de vie. Les comètes, ai-je ajouté, sont l'aliment du soleil, cela doit être. Elles ne sont pas en effet, placées comme nous, pour jouir de la lumière et de la chaleur fécondante de cet astre à un dégré toujours le même. Deux forces combinées tiennent les planètes habitées à une distance du soleil qui est invariable, en sorte qu'elles ne peuvent ni s'en éloigner ni s'en rapprocher davantage, et qu'elles restent, pour ainsi dire, enchaînées dans leurs orbites. Le Suprême Architecte, qui voulut que la foule des êtres dont ces globes privilégiés sont couverts jouît du bonheur conçu et limité dans la profondeur de ses desseins, daigna jeter dans l'espace et comme au hazard, un nombre inconnu de comètes de différents volumes, globes déserts, soumis comme les planètes à la puissance attractive du soleil, mais errants en vertu d'une impulsion inégale. Les comètes ne se meuvent autour de lui que dans des orbites excentriques, d'où il arrive que tantôt elles le frôlent et tantôt s'en trouvent distantes de plus de trente millions de lieues. Mais c'est en vain qu'elles s'en éloignent, elles doivent finir toutes par s'y précipiter. Je crois fermement qu'elles n'opposent pas une résistance suffisante à la force qui les attire; d'où il suit que leurs ellipses se rétrécissent insensiblement. La comète, dont la tangente de l'orbite était la plus voisine de cette mer de feu, a commencé par y entrer; une autre s'en est rapprochée en étrécissant de même son disque, et s'y est plongée à son tour; ainsi de suite de proche en proche; et, quand la dernière s'y plongera et sera consumée, plus de soleil alors, cette grande lumière s'éteindra et ce sera la fin du monde... j'entends pour notre tourbillon.

Comment donc, dit Epymétée, c'est parler en inspiré! Voilà une prophétie qui frise le sublime! Sais-tu que cela est tout neuf? Il n'y manque qu'une chose : je suis fâché que tu n'aies pas prêté au soleil un sentiment qui eût été bien flatteur pour nous; je veux dire d'attirer les co-

mètes à lui, non pas seulement pour
s'alimenter, mais pour nous débarrasser de ces gros corps un peu cha-
grinants, dont l'approche est, dit-on,
de nature à nous brûler ou à nous
submerger: nous lui aurions une obligation de plus; j'aurais vu d'ailleurs,
avec plaisir, quelque chose d'humain
et de réfléchi dans sa conduite.

Je n'ai point été jusqu'à dire du
soleil qu'il fut doué de la pensée;
mais, quand je me serais permis
cette hardiesse, peut-être me serait-
elle plus pardonnable que l'assurance
du contraire. Sois de bonne foi. Quand
la rigueur du froid t'engourdit; quand
tes humeurs ne circulent point, as-tu
la faculté de penser sans effort, n'es-
tu pas étonné de ta stupidité?

J'avoue que j'aime moins l'hyver que le printemps; je conviens que dans la belle saison, si je me promène sous un dais de verdure, d'où je vois de riants côteaux, où les rayons dorés du soleil appellent la sève dans le sarment qui me promet d'excellent vin, mes idées plus libres se succèdent en foule; je prends mes tablettes, j'écris; la pensée alors ne me coûte rien.

C'est convenir que tu en es redevable à cet astre que tu dégrades. *Nemo dat quod non habet.* On ne saurait donner ce qu'on n'a pas ; l'axiome est de toute éternité.

Epymétée, se tournant de mon côté; c'est dommage, dit-il, qu'il allégue des raisons pour ne pas pousser plus loin son système par rapport aux astres; car il ne débutait pas mal. J'avoue qu'il m'a forcé là de convenir d'une chose dont il n'a pas tiré un mauvais parti. Je ne suis pas fâché qu'il n'ait point d'excuse à nous donner pour la Terre. Je me réjouis même d'avance de son embarras; car enfin, ce n'est ici qu'un corps opaque, qui n'est d'aucune utilité à ses voisins, si ce n'est qu'il éclaire la lune; mais, peut-être aussi qu'il l'effraye! Qui sait? Enfin, cette thèse me paraît à cette heure beaucoup moins facile à bien soutenir que celle qu'il abandonne.

— Tu te trompes, dit Phérécide; j'ai promis de m'expliquer, je tiens parole.

Tout est varié dans la nature. Il n'est pas nécessaire d'avoir quatre pattes une tête et une queue pour trouver place dans l'une des classes idéales et trop restreintes du règne animal. Le Crapaud n'a point de col; la Taupe n'a point d'yeux; l'Ombric, le Serpent, le Limaçon rampent; le Polype n'est autre chose qu'un sac, à l'orifice duquel sont attachés beaucoup de bras; son estomac est un gouffre dont l'entrée ne saurait passer pour une bouche, puisque ce briarée est acéphale. La mouche végétante se ramifie et pousse des feuilles. Vous voyez des chenilles qui ressemblent si parfaitement à des morceaux de bois mort qu'elles vous font frissonner, au moment où le toucher,

plus sûr que la vue qui vous trompe,
vous fait découvrir du mouvement
dans ces chicots adhérents, faisant la
fourche avec les branches saines de
divers arbrisseaux. Nombre d'insectes
échappent à la vue; d'autres, lumineux par eux-mêmes, parsèment les
buissons, et rassurent dans les ténèbres le voyageur charmé. Il en est un
qui vole et porte sur sa tête un fanal
allumé. La bouche des uns récèle une
trompe dont la configuration varie à
l'infini : la partie postérieure des autres est armée de scies, de tarières,
de gaînes et de poignards cachés. Il
n'y a pas d'espèce qui n'offre des dif-
férences et des singularités. Un grand
nombre, tel que les Gallinsectes se
présentent en forme de demi-globe.

Le Cloporte s'arrondit en boule. Le Limaçon, approche de cette forme dans sa coquille; l'oursin de mer enfin est une boule, ou plutôt un vrai sphéroïde : il a même en général deux ouvertures opposées, qui semblent laisser passage à un axe; en sorte que si l'on redresse le domicile de cet animal, qu'on le traverse d'une aiguille, et qu'on l'y fasse tourner, on aura une juste idée du globe terrestre, élevé comme il l'est sous l'équateur, et applati vers ses pôles. Je suis fâché que ses sutures et ses mamelons soient disposés trop symétriquement ; ils seraient une image de nos collines, de nos montagnes, de nos vallons, et de nos précipices. L'oursin dépouillé de ses baguettes est, à l'extérieur, le globe terrestre en miniature; je dis plus, il en est peut-être la copie la plus fidèle en tout. Qui lui soupçonnerait une bouche? Vous ne lui découvrez au dehors aucun membre, aucun des organes nécessaires aux fonctions animales. Caché, concentré tout entier sous son enveloppe, sans jamais en sortir, c'est un être aussi merveilleux qu'incompréhensible. L'homme, énorgueilli de ses formes, auxquelles il veut tout rapporter, a refusé trop de fois l'existence à des êtres qui ne lui ressemblent en rien. Il ne se rend qu'avec peine à l'évidence; et comme il ne cesse pas de se croire l'être le plus parfait, il pousse la sottise jusqu'à faire les dieux mêmes à son image. Quoiqu'il en soit, mon but était de vous

faire voir avant tout, que la configuration de la terre n'empêche pas d'ad-
mettre en elle une organisation quelconque; et, puisqu'à la suite d'une
rapide esquisse des variétés innombrables qui nous frappent dans le règne animal, je vous ai présenté des
animaux qui ont la figure d'une boule,
une boule peut donc être un animal.

Oh! la terre, quoiqu'elle soit une
boule, cela est bien différent, dit Epymétée : on a disséqué des oursins.
L'intérieur de cet animal est connu
aujourd'hui, comme les pièces de rapport qui le couvrent. Il n'a point de
tête, mais il offre un orifice par lequel
il aspire la nourriture qui lui est propre. On lui a trouvé cinq dents au
beau milieu de l'estomac : on sait

qu'il a un gosier, un ventre, un anus, etc., etc., enfin, tout ce qui constitue un être organisé; mais la terre... Eh bien, la terre! Qui te fait penser que c'est un être inorganique? Tu juges aisément des objets que ton œil peut saisir en entier; l'attention, la patience, servant ton avide curiosité, contribuent jusques-là à ton instruction; mais vas plus loin. Une fourmi se promène sur moi : je la prends, et je l'écrase. Savait-elle, en marchant sur ma peau écailleuse et percée comme un crible, si elle cheminait sur un rocher ou sur un animal? Un oursin est de la grosseur d'une pomme; tu le tiens dans ta main; tu le dissèques et tu réussis à connaître toutes les parties qui le composent:

cela est fort facile ; mais la terre ! Perce-
la donc jusqu'à son milieu. Tu n'as
fait jusqu'ici que déchirer son épi-
derme ; tu ne peux rien de plus, et tu
refuses d'accorder à cette planète une
organisation qui peut-être se dérobe
à ta conception, parce que son éten-
due est trop vaste, ou parce que la
planète même oppose des bornes à la
curiosité de l'insecte qui la harcelle.
Qu'est-ce que l'homme en effet comparé à une masse de neuf mille lieues
de circonférence ? Faites rouler devant
un enfant de douze ou quinze mois,
je ne dis pas une citrouille, ce gros
objet lui ferait peur, mais une orange ;
mettez le à portée de s'en amuser, et
ne lui laissez d'autres armes que ses
petites mains : il aura beaucoup fait,

au bout d'un temps, s'il a réussi à en égratigner le zeste. Supposez le de la même faiblesse pendant cent ans ; cent ans se passeront sans qu'il puisse découvrir ce qu'il y a dans l'intérieur de ce petit globe. Ce n'est pas lui qui, disséquant ses enveloppes, apprendra que l'écorce dorée qui le recouvre n'est qu'une cuirasse huileuse, la dernière de plusieurs peaux de diverses couleurs, sèches, superposées et toujours plus délicates à mesure qu'elles approchent de ce que les naturalistes appellent la moëlle : il ignorera toujours que cette substance est divisée par compartiments ; et que de minces cloisons en forment des réservoirs, où s'élabore la liqueur la plus rafraîchissante. Quelles ténèbres pour l'enfant !

Cependant vous voyez que le fruit que je fais trouver sous sa main, comparé avec lui en grosseur, fait au plus la trentième partie de son volume. Ainsi l'ignorance seule, résultante de votre éternelle impuissance, vous fait nier que la terre soit un corps organisé. Mais, si les lumières nous manquent pour l'intérieur du globe, pourquoi ne pas consulter les apparences? Ce qui nous est connu me paraît nous suffire pour porter un jugement. Qu'est-ce qui annonce la vie dans les animaux, n'est-ce pas la puissance en vertu de laquelle ils se transportent d'un endroit à un autre? La Terre a trois ou quatre mouvements; la vie d'ailleurs respire sur la presque totalité de sa surface. Rase ta tête, écervelé, tes cheveux repousseront : abats une forêt, il en sera de même.

Tout cela n'est que spécieux, dit Epymétée ; ne t'abuses pas : crois que la terre n'est qu'un corps brut, une masse passive, obéissante aux lois immuables qui l'assujetissent à décrire une orbite, dont il lui est impossible de s'écarter.

Ah, par Hercule, voilà qui est bien raisonné ! Mais, dis-moi donc, mon cher, si le globe terrestre obéit à des lois immuables, s'il n'est pas libre, est-ce une raison pour qu'il ne soit pas un animal ? Es-tu libre toi ? Crois-tu faire ta volonté ? Crois-tu que sur le globe il existe un être qui n'obéisse pas en tout à une intelligence supérieure ? Vil atôme, détrom-

pes toi! tes vices, tes vertus, tes fonctions les plus nobles comme les plus
abjectes, ne sont que les effets prévus
d'une machine que cette intelligence
fait mouvoir à son gré. L'homme, j'en
conviens, a des avantages dont la nature a privé l'huître et le lépas. Mais
que d'obstacles s'opposent à ses desseins ambitieux! et, d'ailleurs, ce qu'il
gagne d'un côté il le perd de l'autre.
S'il est peu d'animaux, en effet, qui
aient avec lui beaucoup de conve-
nances morales dont le rapprochement
nous frappe; on ne le mettra pas non
plus en parallèle, pour les conve-
nances physiques, avec le plus fier
des habitants de l'air et le roi des fo-
rêts. Je sais qu'il a l'audace de vou-
loir imiter l'aigle; mais, dès qu'il

s'élève, il tombe. Né pour la terre, il y est enchaîné. Il la croit faite pour lui, et la totalité de sa surface ne lui est pas même connue ! C'est un moucheron qui, né sur une feuille d'arbre, au milieu de toutes celles dont cet arbre est orné, se promène péniblement sur le seul des côtés où il se trouve. Les bords de la feuille sont l'extrémité de son domaine : il ignore si l'autre face est habitée. Partout l'homme est circonscrit : en tous temps, je le répète, il est mû par une volonté qui n'est pas la sienne. On ne peut donc pas conclure de ce que la terre est assujétie à des mouvements réglés, qu'elle ne soit pas un animal. On ne peut pas non plus lui contester une volonté, parce qu'elle n'a pas la liberté de s'écarter dans sa route : il lui faut accorder, comme à l'homme, une volonté subordonnée. J'aime cette grande idée d'un philosophe poëte, en parlant de la terre qu'il anime :

Mens agitat molem, et magno se corpore miscet.

L'esprit est répandu dans tout ce vaste corps ;

Il l'anime, il le meut.....

Mais en supposant même qu'elle n'eût ni volonté, ni mouvement progressif; ce ne serait pas encore une raison pour que ce ne fût pas un animal, puisque nous connaissons des animaux privés de ces avantages, tels que les innombrables habitants des Coraux, tels que les Dailles empri-

sonnées dans le silex où elles sont ré-
duites à végeter; tels enfin que ce
malheureux coquillage dont la masse
enchaînée par son poids, ne s'offre à
l'œil que sous la forme d'un rocher,
dont la couleur ne flatte pas même la
vue.

Phérécide parlait avec un enthousiasme qui ne nous gagnait pas. Notre
incrédulité l'échauffait, comme tu l'as
pu voir : il avait traité Épymétée de
vil atôme et de tête écervelée ; je crai-
gnais que celui-ci ne se fachât : je
crus bien faire de placer ici mon mot
pour le distraire. J'avais d'ailleurs la
maligne intention de piquer l'amour-
propre de Phérécide, en l'accusant de
plagiat, et de le faire abonder dans
son sens en le favorisant.

— Mon cher Phérécide, lui dis-je, vous pourriez bien n'avoir pas absolument tort ; votre idée même n'est pas tout à fait neuve. Platon a dit avant vous, que le *monde* est l'animal par excellence, l'être animé le plus parfait. Mais peut-être par le *Monde* n'entend-il pas parler seulement de ce que nous appelons le globe terrestre.

— Vous avez raison, reprit Phérécide. Pour entrer dans le sens de Platon, il faut entendre par le *Monde*, non-seulement le globe, mais tous les êtres qui l'habitent, toutes ses productions, et (pour parler comme lui) tous les simulacres possibles de la faculté créatrice. Mon idée est plus restreinte que celle de Platon : je laisse au globe, ses végétaux : quant aux animaux, je ne les considère pas comme en faisant partie ; je prends le globe isolément, et c'est sous cet aspect que je vous l'offre pour un. être vivant et animé, plus animal, c'est-à-dire plus parfait que tous les animaux ensemble.

Je venais (comme tu viens de l'entendre) de parler un peu savamment à Phérecide ; mais, par Vénus ! je suis femme, je m'en souvins, et je changeai de rôle. La thèse de Phérécide m'amusait trop pour que je ne lui fisse pas une question de la nature de celles qui s'accordent avec les intérêts de mon sexe : tu devines qu'il s'agit de reproduction. Si la terre est un animal, lui dis-je, il est si gros que les petits ne doivent pas lui manquer !... Dites-nous de grâce où sont ses enfants?

Mon philosophe se mit à rire. Epymétée ne le crut pas moins dans le las, de manière à ne pouvoir s'en dépêtrer.

— J'espère, sortir sans beaucoup de peine du piége que vous m'avez tendu. Plus un animal est monstrueux en grosseur, moins il multiplie. Tandis que des quadrupèdes de la petite espèce ont dix à douze portées par an, chacune de six à huit petits, et qu'en redescendant jusqu'à l'imperceptible dans la classe des insectes, les cirons multiplient au nombre de mille en peu de jours : l'éléphant ne produit qu'un seul individu en trois ans. La baleine, à qui l'exagération a donné jusqu'à six cents pieds de long, et qui, pour l'ordinaire, n'en a que cent cinquante, ne met pas moins de temps à produire son semblable. Sa femelle n'a que deux mamelles ainsi que la femelle de l'Eléphant ; preuve évidente que la nature, à qui il semble qu'il en coûte pour ces masses volumineuses, ne les a pas destinées à être plus fécondes.

— Ceci posé, dit Epymétée, la terre ne doit pas accoucher bien souvent !

—D'accord. Un calculateur qui supputerait la différence des intervalles résultant de la comparaison d'un corps de cent cinquante pieds avec une masse de neuf mille lieues de circonférence, vous dirait juste ce qu'il faut de temps à cette dernière pour une pareille opération. Ce qu'il y a de certain, c'est qu'il en faut beaucoup :

aussi ne lui connais-je jusqu'ici qu'un enfant; c'est la lune. Vous riez, et je m'y attendais : mais n'avez-vous pas entendu dire que Mercure, Vénus, l'énorme Jupiter, et toutes les planètes de notre tourbillon sont des enfants du Soleil? L'un est-il plus étonnant que l'autre? Apprenez, si vous l'ignorez, qu'au moment où la terre en fusion tournait sur elle-même en s'arrondissant, il s'en détacha une parcelle, chassée avec un bruit horrible par l'air que la matière brûlante avait enveloppé. S'il est permis de rapprocher les petites choses des grandes, c'est ainsi qu'un éclat de bois enflammé se détache d'un chêne mis en travers dans un brasier ardent; cette esquille meurt et s'éteint; mais c'est parce qu'elle reste sur le plancher sans éprouver aucune espèce d'agitation. Le feu de votre appartement ne tournant pas sur lui-même comme la terre, qui suit d'ailleurs sa route avec une prodigieuse rapidité; ne peut rappeler ce morceau détaché, l'entraîner et le forcer de marcher à sa suite. La lune, au contraire, cette planète subalterne, trois fois moins volumineuse que la terre, fut emportée dans sa marche, et se serait rejointe au globe, si ce n'est qu'une force inconnue s'oppose à son rapprochement total. Mais la lune et la terre gravitent sans cesse l'une vers l'autre; rien de plus évident. Que conclure de cette attraction mutuelle? N'est-ce pas comme une sympathie, un sentiment réciproque qui les porte à se réunir? Rien ne leur manque de ce qui caractérise parmi nous une tendre mère et un enfant reconnaissant. Je poursuis. Depuis que la terre a jeté la lune hors de son sein, nous savons qu'elle a fait beaucoup d'efforts, pour enfanter, comme Saturne, un bon nombre de satellites, une armée flamboyante qui veille et garde ses frontières : mais on est contraint d'avouer, que, depuis sa coction qui l'a un peu endurcie, il n'en a résulté que des avortons. Quoiqu'il en soit c'en est assez sans doute, puisque ainsi sa faculté d'engendrer s'est de nouveau manifestée.

Comment donc? te voilà tout surpris! Eryphile de même!

—C'est que nous ne devinons pas...

—Cependant rien n'est plus visible. La chaleur centrale qui reste à cet être composé, disons mieux, son feu, car il se manifeste encore, son feu, dis-je, détache et pousse sous les flots de l'Océan des parties organiques, des portions d'elle-même, que nous nommons les Isles, et qui finiraient par s'en détacher, ou plutôt qui s'élanceraient encore dans l'espace, si la terre avait, comme dans sa jeunesse et son incandescence, des moyens suffisants pour renouveler ce phénomène. Ses faibles productions se détachent quelquefois en masses de deux ou trois lieues, s'élèvent partout à la surface de la Mer, où elles flottent mollement et comme à l'abandon. D'autrefois, et c'est ce qui arrive

le plus souvent, elles demeurent attachées au sein du globe qui les enfante,
et cette adhérence est la plus grande
preuve de l'inertie de ses organes.
Vous m'observerez peut-être que la
plupart des îles se forment en général dans les mers par juxta-position,
au moyen du transport des sables, de
la vase, des coquillages et des autres
matières qu'elles entraînent dans les
moments de leur plus grande agitation : j'en demeure d'accord; mais
l'un n'exclut pas l'autre : la terre ne
se mêle en rien de ces additions suc-
cessives : il ne faut regarder comme
émané d'elle que ce qui paraît tout à
coup, dans les terribles moments où
elle est en travail. Elle mugit alors,
elle tremble... Du sein des flots agités

sort une masse fort petite comparée à la lune, mais énorme par rapport à nous, qui s'agrandit, s'élève et, dans l'espace de 20 ou 30 jours offre une vaste habitation aux navigateurs qui auront la hardiesse de s'y fixer. Nous sommes convenus que la terre recelait encore du feu dans ses entrailles. Ses môles projetées sont en effet la suite de l'embrâsement de l'asphalte et des charbons fossiles, de la décomposition, de l'inflammation des pyrites et de la dilatation d'un reste d'air comprimé.

Phérécide, me pardonnant la plaisanterie plus volontiers qu'à Epymetée :

— Voilà bien un enfant de fait, lui dis-je, et d'autres ébauchés, mais il nous faut un mâle... Les comètes, sans doute, ne vous en serviront pas; puisque ces gros corps cheminent avec tant d'impétuosité qu'ils briseraient la Terre en voulant la caresser?

— Vous avez raison, reprit-il, et l'aventure du Soleil ne prouve pas qu'il puisse arriver rien de pareil à la Terre impunément. Comparée au Soleil, la Terre n'est qu'un atôme, puisqu'elle est un million de fois moins grosse : comparée à une Comète, elle est trente mille fois moins dure ; le choc de l'une et de l'autre renouvellerait l'histoire des deux pots voyageurs du poëte phrygien.

— Comment donc le mystère de la génération s'accomplit-il ?

Elle se suffit à elle-même : elle est hermaphrodite.

— Ah! je ne m'attendais pas à celui-là.

— Tant pis. Vous ne voulez peut-être pas que la Terre jouisse du privilège de quelques insectes (1) qui rampent sur sa surface. Quand une cause nous est inconnue, pourquoi, si l'on veut la découvrir, ne pas recourir aux moyens les plus simples ?

— Passe, mon cher Phérécide; il faut vous accorder tout ce que vous voulez.

---

(1) Les Conques et les Polypes se regénèrent sans accouplement Le Monoïque, espèce de coquillage, produit seul, et toujours par génération, sans le secours d'un autre individu. Nous ne citons que ces espèces d'androgines, parce que nous les croyons à peu près les seuls qui jouissent

— Epymétée m'interrompant ; je n'ai pas tant de bonté d'âme, dit-il, vous lui donnez presque victoire gagnée : pour moi, je ne le tiens pas quitte. Il m'a pris de court, en nous donnant à entendre que le Soleil, parce qu'il m'ouvre les pores et m'égaye l'esprit, pourrait bien être doué du don de la pensée. Peu vous importe à vous qu'il tranche ou qu'il dénoue le nœud gordien : je suis plus difficile ; le physique n'est pas ce qui m'occupe le plus ; je reviens donc, et, par réflexion, j'observe, que si le Soleil m'échauffe et me

---

de ce privilége. D'autres ont les deux sexes, mais ne peuvent se passer l'un de l'autre. On connait aussi des animaux auxquels il manque les apparences des parties sexuelles. Ce caractère ne doit donc pas encore être exigé.

recrée, s'il me met dans une situation où mes esprits, que je ne crois pas lui devoir, sont en effet plus libres; le feu de ma cheminée en fait autant.

— Autant! dit Phérécide d'un air de surprise; y as-tu bien pensé?

— A la bonne heure, répond l'autre; je n'éprouve pas, j'en conviens, à l'aspect de mes tisons une sensation aussi délicieuse qu'à l'aspect d'un beau Soleil; mes idées ne sont peut-être pas aussi grandes, mais la pensée enfin sort toujours de sa prison, et, en supposant que ce soit le feu qui la donne, le moins en pareil cas n'est pas la nullité.

Je te l'accorde, dit Phérécide; et l'un conduit à l'autre; mais prends garde que le Soleil est un corps animé, un corps en mouvement, un être enfin dont quelques matières combustibles réunies ne peuvent être que le bien léger simulacre. C'est au Soleil qu'il appartient de dissiper les brouillards dont ta tête est offusquée ; de te débarrasser des pesanteurs que son absence fait éprouver à ton cerveau, de t'animer enfin, et de te donner la pensée. Si tu en doutes, pense à l'imbécilité de ces moitiés d'hommes relégués vers le pôle par delà les déserts de la Scythie. Mais, comme je vois, tu ne ressembles pas mal à l'oiseau qui passe sa tête au travers des mailles du filet sous lequel il est pris, et en mord impuissamment les nœuds pour recouvrer la liberté.

— Eh bien! dit Epymétée, puisque toi-même tu avais abandonné la cause du Soleil, n'en parlons plus. Tu ne diras peut-être pas que la Terre produise sur nous les mêmes effets?

— Je ne m'y suis pas engagé.

— Je le crois bien; car enfin, de ton aveu, elle s'est refroidie; ainsi celle-là ne peut, en aucun temps, contribuer à l'heureuse abondance de mes idées. Or, puisque je ne lui ai pas l'obligation de m'en fournir, je puis conclure, d'après ton argument, qu'elle en est dépourvue.

— Mauvaise conséquence, mon cher. Différentes causes peuvent produire les mêmes effets : tu n'es pas moins redevable à la Terre qu'au Soleil, d'une partie de tes idées et de la

bonne disposition de tes esprits. Es-
saye de mourir d'inanition et tu ver-
ras!... Le suc des plantes, l'esprit des
fleurs, la pulpe des végétaux plantu-
reux, la sève des bons vins, tout cela
entretient ton intelligence. Quand on
a bien diné, l'on se sent plus dispos;
j'ai même entendu dire à des poëtes
que leur verve n'était jamais mieux
montée que quand la mousse d'un vin
pétillant leur chatouillait les fibres du
cerveau. Ceux-là trouvent que l'esprit
est dans la liqueur même; et c'est par
cette raison qu'ils la chantent si volontiers; mais cet esprit naît de la Terre
où l'arbuste l'a pompé.

— Ainsi donc, à t'entendre, voici
la Terre, dont nous recevons encore
des idées par communication! Elles

passent par bien des canaux, avant d'arriver jusqu'à nous: mais n'importe. Je n'y vois plus qu'un embarras, c'est l'analogie; sans cela point de preuve évidente. Les idées de l'homme sont composées; tu n'auras peut-être pas la hardiesse d'en accorder de pareilles à la Terre?

— Pourquoi non? La Terre, en vertu d'un mouvement qui lui est particulier, si particulier qu'il excite à la fois l'admiration et la surprise, présente successivement à l'astre qui l'échauffe tantôt un de ses pôles et tantôt l'autre.

— Oui, mais quelque étrange que soit ce mouvement, la réflexion de la masse qui l'opère n'en est sûrement pas la cause.

— Qui te l'a dit? Toujours des assertions! Quand le froid est rigoureux et que tu pourrais, en y restant exposée, avoir le bout du nez gelé, ne cours-tu pas auprès d'un bon feu te préserver de cet accident?

— Oui, mais j'agis alors en vertu d'un sentiment à moi qui me porte à me préserver de la douleur.

— Je ne sais, dit Phérécide, si la Terre est susceptible de plaisir ou de joie ; comme je l'ignore, rien ne m'empêche de croire qu'elle agit, comme toi, en vertu du même motif; et de plus, de penser qu'alors même elle s'occupe du bien-être de tous les hommes; puisque de ce mouvement résulte la variété des saisons, d'où naît le repos de la sève et l'impétuosité avec laquelle elle s'élance ensuite pour couronner de fleurs et de fruits les arbres de nos vergers. Tu parles de sentiments à toi ! Vanité ! Déjà, je te l'ai dit, tes idées te sont toutes suggérées, de même qu'au globe que j'asservis en l'animant : et si je suppose, ce qui n'est pas impossible, que ce soit pour n'être pas entièrement gelé à ses deux pôles, qu'il les présente tour-à-tour au Soleil, comme tu cours à ton foyer pour sauver ton bout de nez : la conclusion que je tirerai de son mouvement et du tien, c'est que vous vous trouvez forcés l'un et l'autre d'obéir au besoin du bien-être; c'est qu'il n'est pas en votre pouvoir de ne pas vous occuper de votre conservation. La

Terre et toi vous agissez, dans cette opération mécanique, aussi passivement que l'Héliotrope, dont le disque obéissant aux diverses situations du soleil, se montre toujours tourné et incliné devant lui. Vos volontés ne sont que des nutations. Ce que nous avons de plus que les fleurs, c'est le privilége de faire quelques pas sur le sol auquel elles restent attachées; mais le privilége de la Terre est d'emporter dans l'espace et ces fleurs qui la parent et le raisonneur orgueilleux qui lui refuse une intelligence, dont la sienne est une émanation. Ne rougissons pas d'être soumis pour notre bien-être à une puissance invisible bien autre que notre esprit borné; puissance dont les desseins absolus se font remarquer en nous d'une manière très distincte ; puisqu'il y a des parties de notre corps qui agissent subitement et comme par elles-mêmes, telles que les cils de nos paupières. Nos mains, nos pieds semblent des sentinelles assidues, placées hors de nous, et qui souvent repoussent, sans nous consulter, tout ce qui peut nous nuire. Nous faisons librement tout ce que la suprême intelligence a voulu que nous fissions : il en est de même de notre globe ; et, si l'on agitait la question de savoir lequel de la Terre ou de l'Homme peut avoir eu le plus de part aux faveurs de cette intelligence, il n'y a personne qui n'inclinât pour la Terre, plus digne en effet de son attention, puisqu'elle est l'un des plus magnifiques théâtres où se manifeste sa puissance. L'homme est assujetti au repos; la Terre n'en prend jamais. La vie de l'homme n'est qu'un éclair dans la durée des siècles; l'existence du globe remonte à des temps si reculés, que l'homme n'y peut penser sans le croire éternel... sans être confondu.

Epymétée voulait répliquer. — Allons, paix! lui dis-je; cette métaphysique m'ennuie. Voilà deux fois que tu l'invoques sans succès; j'ai cent questions plus importantes à faire, et je n'en trouve pas le moment. Mais je ne veux pas qu'il soit dit que tu as cessé d'ergoter par politesse : il faut, de mon côté, que je te mette *à quia;* ainsi je prouverai que la raison est du côté de Phérécide, au moins pour la partie de sa thèse sur laquelle tu le chicanes. Esclave de tes sens! réponds. Quand tu as eu l'idée de venir me trouver aujourd'hui, étais-tu le maître de la rejeter?... Tu hésites!... Allons, de la franchise.

— Je conviens que l'empire du besoin d'un côté; de l'autre, la justice que je vous rends... Cependant j'étais le maître d'aller voir Tétrapilla...

— Cela est faux, je suis plus jolie qu'elle; tu es battu et tu mens.... Phérécide, je me mets de votre bord. La Terre aura ou n'aura pas des idées combinées, sera libre ou ne le sera pas; peu m'importe. Si elle est un animal, il est impossible qu'elle ne participe pas aux avantages moraux de l'animalité. Nous avons abandonné le principal pour batailler sur l'accessoire : je reviens, et je vous demande à vous Phérécide, si, quand vous vous êtes fourré dans la tête ce système original, vous avez réfléchi que tout animal mange, qu'il est un composé de chair et d'os; qu'il circule du sang dans ses veines; qu'il dissipe, enfin, par les pores, indépendamment de ses autres secrétions?

— Si vous exigiez de moi des rapports parfaitement exacts, me répondit Phérécide, vous auriez d'autant moins raison que vous ne devez pas avoir oublié ce que j'ai dit au début, que dans la nature il n'y a presque rien qui se ressemble. Tel animal a du sang; tel autre ne contient qu'une liqueur visqueuse; tel autre... Mais je veux répondre à tout séparément et par ordre, quoique vous veniez de multiplier et de cumuler les observations. Avez-vous réfléchi, me dites-vous, que tout animal a une bouche? J'y ai réfléchi sans doute, et, comme vous m'en parliez, je me suis rappelé tout-à-coup quelques beaux vers d'Ovide, qui ne fait nulle difficulté d'en donner une, tout justement placée comme l'est celle de l'Oursin; puisque dans ces vers où la Terre parle, Ovide, qui raconte le fait, finit par dire :

. . . . Sæumque
Retulit os in se, proprioraque manibus antra.

L'endroit de cette narration est celui où la terre, incendiée par la maladresse de Phaëton, va s'adresser à Jupiter, pour en obtenir qu'il foudroie l'insensé.

La terre cependant, que la flamme environ ne,
Lève un front dégarni des beaux fruits qu'elle donne.
Dans ses flancs, qu'elle même ouvre de tous côtés,
Les fleuves, les torrents se sont précipités.
Du Colosse effrayant, la tête concentrée,
Pour la première fois aux mortels s'est montrée :
Sous leurs pas chancelans ils la sentent trembler.
Jupiter la regarde :. elle va lui parler.

Il est inutile d'en dire plus long; je ne vous retrace même ceci qu'en abrégé, car le poëte ne fait nulle difficulté de donner à la terre, indépendamment d'une bouche, des cheveux, un col, et je crois même des bras.

— Pure fiction! dit Epymétée;

Le peintre et le poëte, enfants nés d'Uranie,
Peuvent tout hazarder au gré de leur génie.

Mais un philosophe doit être fidèle à la nature et s'interdire de pareils rapprochements.

La remarque frisait l'humeur.

— Tu ne ressuscites pas gaîment, lui dit Phérécide. Pourquoi donc, si je n'en abuse pas, veux-tu m'empêcher de considérer en passant un bouquet de fleurs artificielles? Tu m'y fais attacher plus d'importance que je n'en aurais mis. Je ne voudrais pas jurer que le poëte n'ait pas ici un autre but que celui de faire des images : il serait très-possible que, en personnifiant la terre, il eût pensé en tout comme moi par rapport à elle.

— Encore des idées creuses! Ce n'est pas la terre qui parle dans ces vers; *Si placet hoc*, etc., Ce cri de douleur part de la bouche de tous les mortels consternés; leur plainte n'en fait qu'une : le vœu de tous est le même; et la terre est le symbole de cette unité. L'idée est sublime; voilà tout ce que je puis t'accorder.

— Soit : aussi ne t'en demandai-je pas davantage; et, si tu ne m'avais pas coupé la parole, tu m'aurais vu aller droit à des preuves inexpugnables, telles que vous êtes l'un et l'autre dans le cas d'en exiger. La terre est herbivore, frugivore, icthyophage, mais surtout anthropophage. Sa tête est probablement dans ses entrailles, comme Ovide l'y place; mais indépendamment de ce que j'en dirai tout à l'heure, je lui trouve au dehors plus de bouches qu'Argus n'avait d'yeux; et je vois ces bouches innombrables disposées çà et là autour d'elle, comme les peintres figurent la tête monstrueuse du gardien de la malheureuse Io. Mais les yeux d'Argus se fermaient tour à tour, à l'exception de deux : et les bouches de la terre sont toujours ouvertes. Son enveloppe productive n'est qu'une décomposition de tous les cadavres de plantes et d'animaux qu'elle a dévorés; ce qui forme un mixte qui sert à renouveler cette superbe robe d'un vert émaillé, dont elle se pare pour les êtres vivants qui deviendront sa proie. Elle s'approprie tous les corps détruits sur sa surface, s'en alimente et s'en abreuve.

— Les faiseurs de contes, dis-je à mon Philosophe, n'ont jamais imaginé un pareil Ogre. Les repas de celui-ci sont toujours prêts : il ne lui faut pas de maîtres-d'hôtel.

— Il en a deux pourtant, reprend Phérécide ; et leur nom fait frémir... C'est le temps et la mort ! On peut dire de la terre qu'elle mange nuit et jour ; et, malheureusement, avec assez d'indifférence ; mais quand son appétit la presse, elle le manifeste par des tressaillements d'entrailles, des convulsions, des tremblements épouvantables. Il arrive quelquefois qu'elle se fend jusqu'à des profondeurs inconnues : les humains effrayés font alors des tentatives pour la fléchir : un patriote intrépide ose se dévouer ;

elle engloutit le cavalier et le coursier audacieux qui le porte; mais sa bouche ne se referme pas toujours pour si peu. D'ordinaire elle engloutit des villes avec des vingt ou trente mille habitants, des rivières, des ponts.

— Tu peux aller plus loin, dit Epymetée; ce ne sont-là, mon ami, que ses déjeûners; puisque nous savons des anciens qu'elle a avalé l'Atlantide et les colonnes d'Hercule.

— Hé bien, reprit Phérécide, puisque toi-même tu parles à l'appui de ma thèse, croyez-vous maintenant, Eryphile et toi, que la terre ait une bouche?

— Je crois, dit Epymetée ce que j'ai dit à Eryphile, au moment où tu as commencé à te replier sur toi-même pour te disculper de l'avoir appelée un animal ; je crois qu'avec de l'imagination l'on dit tout ce qu'on veut, de manière à le rendre vraisemblable. Je doute qu'Eryphile soit réellement convaincue : quant à moi je ne le suis pas encore.

Achevons donc, reprit Phérécide, J'ai promis à Eryphile de satisfaire à ses questions : je le ferai ; après cela si je ne réussis pas à vous amener à mon sentiment, c'est qu'avec de bons yeux vous nieriez la clarté du jour, quand le Soleil brille à l'horison. Un animal, m'avez-vous dit, belle Eryphile, est un composé de chair et d'os, il fallait dire d'une substance quelconque ; car il y a des animaux qui n'ont ni chair ni sang, et qui ne paraissent être qu'une glaire congelée; telle est la limace incoque, etc., etc. Il s'en trouve aussi qui n'ont ni os ni arêtes. Je n'en fais pas la remarque pour me débarrasser de la réponse; je dirai au contraire que la terre ne manque de rien de tout ce que vous lui demandez. Elle a si bien de la chair, une chair substantielle et douée de vertus particulières, que j'ai vu un médecin vendre, au poids de l'or, des pastilles de terre pure, de couleur de chair humaine, pastilles semblables à ces tablettes sigillées dont parlent Homère et Hérodote, empreintes du cachet des Prêtres de Diane, et qui, soit-disant, guérissaient tous les maux. J'ai vu des femmes enceintes manger, avec délices, une terre moins rare et moins

coûteuse, lui soupçonnant sans doute
quelque vertu occulte : j'ai vu de
jeunes filles croquer et avaler de gros
cailloux. Moi-même enfin, un jour
que j'étais à Paros, je mangeai quasi
tout un service de table; coupes, am-
phores, assiettes, plats, fourchettes et
couteaux; le tout formé d'une terre
exquise, pétrie aux bords du Gange,
et cuite au four comme un morceau
de viande. Je fis ce repas singulier
chez Créon qui a voyagé dans l'Inde,
et qui se plut à nous faire gruger une
partie de sa vaisselle. Indépendamment
de ce que je viens de dire, on sait que
la couche superficielle du globe est un
composé de molécules substantielles
analogues à l'espèce humaine, et de
nature à satisfaire comme à réveiller

son appétit. N'est-ce pas de la terre que vous mangez, quand vous consommez des végétaux? N'est-ce pas la terre elle-même qui, dans vos potagers, se modifie et s'offre à vos mains sous toutes les formes? Les moutons et les bœufs qui broutent l'herbe, et en font la plus grande consommation, augmentent de volume sensiblement: leur tête, leur col, leurs flancs, leurs jambes et tous leurs moules intérieurs en profitent par intussusception. Quand ils vous semblent assez gras, vous les tuez, et vous vous en regalez; est-ce autre chose qu'une terre modifiée que vous consommez dans ce moment, et qui se transforme en votre propre substance? Non sans doute. Ainsi, en supposant que vous attachiez au mot chair l'idée d'une substance animale qui se mange, ce que je viens de dire des sucs nutritifs de la terre, et ce que j'ai dit précédemment de la saveur que l'on trouve à différentes sortes de terres naturelles prises en masse, ne doit vous laisser rien à désirer. Je me prête volontiers à tout comme vous voyez; car il n'était pas nécessaire que je fisse de la terre un comestible, pour prouver ce que vous exigiez de moi. Il y a beaucoup d'animaux dont la chair ne se mange point; et je pourrais vous dire que la terre est de cette nature. Quant aux parties osseuses ou corps durs équivalents, vous les reconnaîtrez sans doute dans les bancs de pierre de toute espèce, marbres, granites, pierres moins denses, qui se trouvent partout à une médiocre profondeur. Vous ne direz pas que ce ne sont pas là comme ses cartilages et ses ossements cachés. Vous verrez comme moi ses côtes dans la longue suite des collines : elles sont assez bien prononcées, je crois, pour n'échapper à l'œil de personne. Ses vertèbres sont plus visibles encore. Vous nommez de vous-même les Alpes et les Pyrénées ; et vous pensez aux autres chaînes de montagnes qui doivent se trouver dans les terres que nous soupçonnons aux deux pôles et pardelà l'Océan (*). Ces éminences, fussent-elles de deux

-----

(*) *Il faut se reporter au temps où parlent les personnages que je suppose. Le nouveau Monde n'était pas connu.*

mille toises, sont peu de chose en comparaison de la masse volumineuse qui leur sert de base; il n'y a pas de quoi la juger bossue, même sous l'équateur; mais enfin ses colonnes vertébrales se font suffisamment re-marquer. Ajoutez-y les monts Riphée, le Caucase, le mont Taurus, le mont Liban, les monts de la lune; voilà j'imagine, une assez belle charpente, indépendamment de quelques gros os qui percent encore çà et là isolément. Passons à l'article du sang. Dans le corps d'un animal il doit circuler, disons-nous, une liqueur quelconque. Eh bien; qu'est-ce que l'immense quantité de ruisseaux, de rivières, de fleuves et de torrens qui roulent cachés dans l'intérieur de la terre, ou qui se montrent à sa surface? L'eau s'y ramifie de toutes parts en tant de branches, et il y en a de si déliées, que j'y trouve jusqu'à des vaisseaux lymphatiques. L'Océan est l'immense réservoir où aboutissent toutes ces veines qui, telles que le Nil, le Danube, le Grange, l'Euphrate, etc.; y apportent chacun sept, huit et dix mille tonnes d'eau en un jour. Ces tributs des fleuves repompés à tout moment par le Soleil, sortent de l'Océan, se portent en vapeurs condensées au haut des monts, retombent dans les campagnes, rentrent encore dans les mers, et sans cesse parcourent ainsi les mêmes chemins sur le globe et dans les airs. La circulation du sang dans les animaux n'a rien de plus merveilleux. Si vous me disiez qu'on ne voit point ici le jeu des artères, je détruirais cette objection en vous parlant des communications souterraines, contestées par quelques observateurs, mais soutenues par beaucoup d'autres. Ce moyen de reporter les eaux dans toute l'économie animale du globe, est d'ailleurs surabondante, puisque la nature y a pourvu de la manière que je viens d'expliquer; en sorte que la mécanique du cœur n'offre rien d'aussi étonnant.

Phérécide parlait d'abondance et avec un air de persuasion si bien peint dans toute sa physionomie, que je ne pouvais m'empêcher de rire sous cape; mais j'applaudissais intérieurement aux ressources qui lui venaient à l'esprit, pour appuyer ses rêveries.

Il ne me reste plus, continua-t-il, qu'à dissiper vos doutes par rapport aux secrétions; après quoi je vous tiens pour battus l'un et l'autre.

—Soit, lui dis-je; mais, si je ne me trompe, c'est ainsi la moindre de toutes les difficultés. Une idée conduit à une autre : je trouve (en me rapprochant de toutes celles que vous avez mises au jour) que les déjections du globe, c'est ce qui s'en exhale. Si j'ai bien rencontré, rien ne manque à cette heure à ce colosse elliptique, pour nous convaincre que c'est un être vivant. Au reste, pourquoi en douterions-nous, puisqu'il est prouvé que la vie, si généralement répandue, est une propriété physique de la matière? Phérécide fut si content de cette réflexion, quoiqu'il sut très bien que je l'avais volée, qu'il s'en fallut peu qu'il ne me sautât au col pour m'embrasser.

Il me reste peu de choses à dire après vous, reprit-il. Les secrétions du globe s'annoncent en effet par cette atmosphère de vapeurs qui s'élèvent vers le soir, quand le soleil est à l'horizon. La terre transpire de toutes ses parties. Les exhalaisons sulphureuses, les feux météorologiques, et toutes les matières dont les tonnerres se composent, sont des émanations de ce grand corps. Si l'on y join l'évaporation continuelle des eaux, jugez combien cet amas doit être prodigieux, puisque de bons physiciens, qui ont calculé une partie de cette déperdition des torrents, des lacs et des mers, ont trouvé que la seule Mer Morte, qui n'est qu'un lac, perd tous les jours neuf millions de tonnes d'eau : jugez des autres et surtout de l'Océan ! Mais la terre rejette encore les scories d'une prodigieuse quantité de matières qu'elle a digérées et consommées tantôt dans l'abyme des mers, et tantôt dans l'intérieur des montagnes. Vous savez les ravages que fait la matière embrasée, quand elle s'élance et se précipite par torrents de ces vastes soupiraux. Les cendres, les pierres ponce et la lave sont les excréments sous lesquels elle ensevelit inopinément des contrées entières. C'est sous de pareils amas de déjections que l'on a plus d'une fois retrouvé, à des profondeurs dont on s'étonne, les tristes débris de différentes villes qui ont disparu. Ainsi la curiosité, qui naît de la tradition, ou peut-être le hasard, favorisant un jour nos neveux, leur fera découvrir les habitations renversées, les meubles précieux et tous les trésors engoutis de la malheureuse ville d'Herculane. Mais finissons ; car enfin trop est trop ; et lorsque la vérité est une fois démontrée, la surabondance des preuves chagrine l'amour-propre des auditeurs, en même temps qu'elle devient fastidieuse.

Ainsi, me dit Eryphile, se termina cette espèce d'altercation. Il était tard ; nos deux philosophes sortirent,

et je crois bien qu'ils ne rentrèrent pas
chez eux sans avoir bataillé encore.
Quant à moi, je me mis au lit, où je
luttai contre le sommeil jusqu'à ce
que j'eusse bien repassé dans ma tête
tout ce qui avait été dit sur ce bizarre
système. A cette heure, mon cher
Dioscure, que je t'en ai fait à mon
tour un fidèle rapport, peut-être ne
seras-tu pas fâché de savoir ce que
j'en pense, tu ne manquerais pas de
me dire à notre première entrevue :
Eh bien, crois-tu que la terre soit un
être vivant? A cela je répondrais :
pourquoi non? Moins je restreins la
puissance de *Zeus*, et plus je le fais
grand. Le sectateur minutieux de
cent pratiques religieuses ne voit que
du désordre sur cette planète où il

expie les vieux péchés de ses ancê-
tres. La terre n'est pour lui qu'un
corps brut, impassible, seul habité,
fait pour lui, où cet être matériel fait
descendre son Dieu rendu visible, et
le tient encagé. Le philosophe s'é-
lance dans la profondeur illimitée de
l'espace ; il y voit l'Éternel occupé à
entretenir les foyers lumineux des
cent mille millions de mondes que sa
bienfaisance anime. Aussi n'est-ce
qu'aux admirateurs de ses œuvres, à
ces sages qui l'adorent en esprit, que
le grand être a permis de soupçonner
une partie de ses secrets : les sages
l'étudient et sont les seuls qui le ré-
vèlent : il n'a point d'autres confidents.

J'écrivais ceci paisiblement dans le labyrinthe parfumé de mon étroit jardin, tandis que se préparaient les événements de la révolution. Je ne pensais pas alors me trouver obligé de changer subitement et d'idées et de style. Je l'ai fait; car l'amour de la liberté est gravé dans mon cœur : je l'ai fait, et peut-être avec quelque succès; puisque l'indifférence ou l'inimitié d'une partie des hommes qui m'entourent est devenue mon partage. Je m'en éloigne; je retourne à la chaumière d'où l'on m'avait tiré; pareil au berger trop facile qu'il plut à un roi d'amener à sa cour, pour l'occuper des affaires du gouvernement. Comme lui je regrette mon premier état : je rouvre le vieux coffre dans lequel un esprit de prévoyance m'avait fait serrer mes chansons et mon turlu; je les en tire et les reprends avec avidité.

> Adieu ; je ne veux plus rien être.
> Je vais, dans un pays champêtre.
> Penser, et vivre un peu pour moi.
> Là, je n'aurai que Dieu pour maître :
> Là, sous la garde de la Loi,
> Avec moins d'écus que le roi,
> Je serai plus heureux peut-être.

Je lirai, je relirai, je polirai mes Contes bleus. Dejà je viens de passer la lime sur celui-ci, avant de vous l'offrir. Je ne me cache pas que le temps est passé où l'on apportait quelque attention aux fruits de nos loisirs; mais j'espère à la résurrection d'une philosophie plus douce. Je mets ma barque à flot : si la tempête la jette loin du port, peut-être on la retrouvera, quand le gros temps sera passé.

REMARQUES

D'UN SAVANT EN US

———

IL y a de la gaieté et de la philosophie dans ce petit ouvrage. *Keppler* (1) a eu la même idée, mais ce n'est qu'un aperçu ; c'est une façon de penser qui perce et qui reste là, *Bayle*, en parlant de *Keppler*, dit de

———

(1) Législateur en astronomie, l'un des maîtres de Descartes, précurseur de Newton en physique.

lui : On dirait qu'il a donné à la terre une âme douée de sentiment. Non-seulement il a dit que le mouvement diurne de la terre vient de la terre, mais aussi qu'elle s'aperçoit de l'apparition des comètes, qu'elle en sue de frayeur, et que de là viennent de grandes pluies.

Audiamus eum loquentem Libro de cometis.

« Facultas mundi sublunaris co-
» metam perfentiscit et obstupescit,
» unaque facultates cæteræ omnium,
» rerum sublunarium ».

Ac postea : « *Facultas telluris in-*
» solenti cometæ apparitione conster-
» natà, uno terrestris superficiei mul-
» tum exsudat vaporum, etc. »

Gassendi observe que, selon *Kep-*

pler, toutes les étoiles sont animées, et que, comme les animaux se meuvent par le moyen de leurs muscles, la terre et les planètes ont aussi des muscles proportionnés à leur masse, et qui sont l'instrument par lequel elles se meuvent. Il donne au soleil une âme très noble et très active; et il veut que les rayons du soleil, mettent en action l'âme des planètes: *Adnoto duntaxat ita sidera fuisse animata, ac ut instrumenta motûs in animalibus sunt fibræ digestæ per musculos; sic censuisse illum esse et in terra et in planetis cæteris ingenteis fibras aliquas pro ratione molis cujusque, per quas anima vim suam motricem exerceat. Censuit verò etiam, præter specialeis animas et vireis,*

*quæ infunt in cæteris, esse in ipso Sole
animam nobilissimam potentissimam-
que, quæ dùm Solem circa proprium
axem (a centro mundi propterea non
discedentem) circum agit, immate-
riatas species (sic enim appellat) irra-
diando circumfundit, quibus, planetæ
velut correpti, ipsi Soli circumdu-
cantur.*

Et *Bayle* ajoute : « Remarquez
» bien qu'il *serait assez difficile*
» de réfuter la supposition de *Kep-*
» *pler;* car nous ne sommes guères
» plus en état de savoir si la terre est
» animée, que l'est un Pou de savoir
» si nous sommes animés. Un Pou
» se contente de se nourrir de ce qu'il
» suce à la surface de nos corps : il
» ne sait pas si nous pensons. Il ne

» peut pas même découvrir les res-
» sorts internes qui nous meuvent.
» Pouvons-nous faire plus de décou-
» vertes sur la question de savoir *si*
» *la terre pense*, et si elle a des senti-
» ments qui, comme les nôtres, dé-
» terminent certains ressorts intérieurs
» à se mouvoir d'une certaine fa-
» çon? » Voilà ce que dit *Bayle*.

Une pareille autorité doit faire plaisir à l'auteur : elle est courte ; mais
c'est une preuve de plus que l'ouvrage
lui appartient tout entier par ses dé-
veloppements.

Keppler pense bien que le soleil attire les planètes, (et les comètes, dans
son sens, sont des planètes) mais il ne
pense pas que les comètes tombent
dans le soleil. L'auteur, au contraire,

les y fait tomber, pour lui servir d'aliment; et ses raisons, *du moins philosophiques*, me paraissent assez plausibles.

Je ne ferais pas du système de M. *Nogaret,* par rapport à la terre, un article du *Credo* évangélique; mais un philosophe, qui a le droit de se faire un *Credo* à sa guise, peut bien le composer de tout ce qui est pour lui article de foi. Et puis quand on réfléchira que l'illustre *Bayle a douté*, en parlant de l'ébauche de ce système, pourrait-on avoir l'orgueil de rejeter comme fabuleux ce qui n'a pas paru *invraisemblable* à un penseur aussi profond?

LETTRE

DE

Madame de Rohan Rochefort

Je viens d'achever, Monsieur, la lecture de votre petit ouvrage qui m'a intéressé et amusé. Je ne le crois pas aussi dénué de fondement qu'Ériphile le soupçonne. Je ne vous ferai pas autant d'objections qu'elle, d'abord parce que je ne suis pas aussi incrédule, et qu'il est une multitude de systèmes dans ce bas monde, dont la réalité ne m'est pas plus démontrée que celui que vous supposez. Le système de *Téliamed*, le *Roman* de la théorie de la Terre ne me semblent pas avoir de preuves plus démontrées. Toujours est-il vrai que cette idée ingénieuse que vous développez dans cet écrit avec grâce, gaieté et agrément, est faite pour plaire à tous les gens de goût. Ce qui est certain, c'est qu'il est fort au mien ; le mélange d'idées philosophiques qui y règnent, y donne du piquant, et y prête à mon gré un nouveau charme. Ces idées ont d'ailleurs un double mérite à mes yeux, celui de l'*originalité*. Ce n'est point un champ rebattu, qui ne fournit que des lieux communs, fastidieux et insipides : tout y est neuf, et avec cette *donnée*, on pourrait créer un système que je ne serais point du tout éloignée d'adopter. Ce serait dommage de rester en si beau chemin ; ce que vous venez de produire, est fait pour vous encourager, et doit vous engager à continuer cet ouvrage. Mon suffrage ne vous flattera peut-être que médiocrement ; mais les ouvrages de goût sont du ressort de tout le monde. Je croirais rendre un service aux autres, si le mien pouvait être pour vous un stimulant ; j'aurais droit indirectement à leur reconnaissance ; c'est vous prouver que mon amour-propre est habile à se rendre tout réversible. Quoiqu'il en soit, Monsieur, je vous rends grâces, ainsi que ma fille, du plaisir que vous m'avez procuré; en nous amusant, vous avez éveillé notre curiosité : prenez garde qu'elle ne devienne insatiable.

ROHAN ROCHEFORT.

NOTICE

Le public a souvent attribué à *M. Félix Nogaret*, des ouvrages ou compilations qui appartiennent à *M. Nougaret*. Les productions de *M. Félix Nogaret* sont très peu volumineuses : elles se bornent à un ouvrage en deux tomes de contes en prose, intitulés : *Aristenette, ou l'Antipode de Marmontel ;* deux tomes de contes en vers, un de poésies fugitives et quelques morceaux sur la Révolution.

ACHEVÉ D'IMPRIMER

le 14 juin 1880

PAR ALF. LEFÈVRE

9, RUE DU PILOTE

BRUXELLES

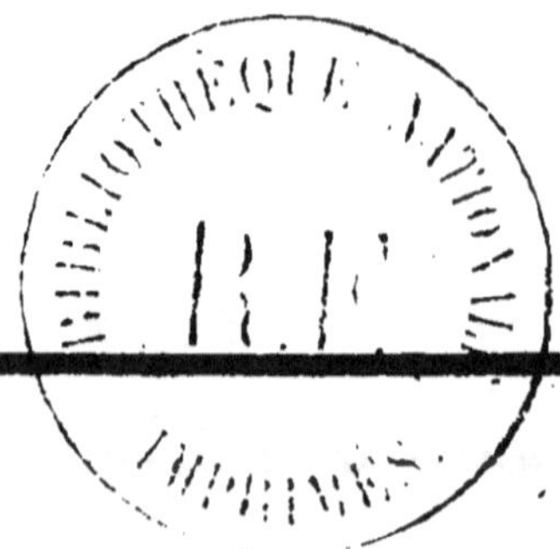